Jean Fleury

La Traversée de la Manche

Tunnel, Pont ou Navire

ISBN : 978-1721147274

10 9 8 7 6 5 4 3 2 1

Jean Fleury

La Traversée de la Manche

Tunnel, Pont ou Navire

Table de Matières

Introduction.

La distance de Paris à Londres se franchit actuellement en sept heures et demie. Le chevalier de Grammont y mettait trois jours, rapidité dont s'émerveillait la cour d'Angleterre. Il y a donc progrès. Mais ce n'est pas encore assez, paraît-il, pour l'époque affairée où nous sommes. Arrêt à Calais, embarquement, traversée, débarquement à Douvres, tout cela emploie, au bas mot, une heure trois quarts à deux heures. Trente et quelques minutes suffiraient cependant si les rails du Nord joignaient sans interruption ceux du South-Eastern, sans compter la suppression de l'odieux mal de mer. Puis, l'imagination aidant, les esprits enthousiastes et généreux, — il y en a beaucoup, — voient dans l'union des deux rives du détroit, non-seulement une grande œuvre comme celles dont notre siècle est coutumier, mais aussi un progrès vers la fusion des races et la fraternité des peuples, tandis que d'autres, à visées moins hautes, en attendent une nouvelle activité pour le commerce, une augmentation du mouvement des affaires.

Pour remplacer le navire, l'aérostat n'est pas encore prêt. Souvent promise, récemment encore annoncée comme prochaine, par de véritables savants, que séduit, sans doute, la difficulté du problème, la direction des ballons reste une question à l'étude. Blanchard et Jeffreys ont bien pu, en 1784, venir heureusement, suspendus à leur frêle montgolfière, du château de Douvres à la forêt de Guines : semblable entreprise, l'année suivante, coûta la vie à Pilaire de Rozier, et ces hardis navigateurs des airs n'ont eu depuis que de rares imitateurs. Pont ou tunnel, telles sont les deux routes entre lesquelles voudraient choisir ceux qui, aujourd'hui, trouvent le navire insuffisant. Passera-t-on au-dessus ou au-dessous de ces flots dont on dédaigne les services, dont on veut esquiver la fureur, ou plus simplement, la trop fréquente maussaderie ?

Section I.

La conception du tunnel parait être la première dans l'ordre chronologique. Dès 1801, l'ingénieur Mathieu imaginait, passant sous les flots, un long souterrain en maçonnerie, qui, de Calais à Douvres, eût donné passage aux malles-poste. Les relais de chevaux, l'éclairage de cette route ténébreuse, tout était prévu dans ce projet, auquel, dit-on, le premier consul accorda un moment d'attention. Mais bien vite il le jugea tout au moins prématuré, mieux avisé cette fois que lorsque, quelques années après, il décourageait Fulton.

Plus tard, un autre ingénieur, Thomé de Gamond, dont le nom mérite davantage d'être sauvé de l'oubli, reprit l'idée du tunnel. Il n'y arriva pas tout d'abord. En 1833, c'est un isthme artificiel qu'il veut créer entre le continent et la Grande-Bretagne, en jetant dans les flots les débris des falaises voisines. Trois passages, recouverts de ponts mobiles, eussent été une dernière concession faite à la marine. L'année suivante, il projette un énorme tube couché au fond du détroit ; cette idée, qu'il abandonne bientôt, a été, à plusieurs reprises et aujourd'hui encore, recueillie par des esprits aussi opiniâtres qu'entreprenants. En 1836, Thomé de Gamond songe à jeter du cap Blanc-Nez au South-Foreland, un pont colossal, assez élevé pour laisser sous ses travées passage aux navires les plus haut matés. Puis, enfin, avec la mobilité qui est quelquefois l'inconvénient et en même temps le correctif de l'esprit d'invention, abandonnant isthme, tube et pont, Thomé arrête ses préoccupations définitives à l'idée d'un tunnel sous-marin. Pendant vingt-cinq ans, il y consacre les loisirs que pouvaient lui laisser la direction d'une cristallerie à Paris et les soucis d'une exploitation agricole dans le Berry.

Il voulut donner, — et c'est une justice à lui rendre, — une base véritablement scientifique à ses études, en les faisant commencer par l'investigation géologique des terrains qui forment le fond du détroit. Mais les moyens dont il disposait n'étaient pas suffisants pour assurer l'efficacité de ses recherches. L'intrépidité qu'il déploya en allant recueillir lui-même des échantillons par des profondeurs de 50 mètres ne put suppléer à ce que le procédé avait de précaire et d'incomplet. Cependant, il aboutit à la rédaction d'un projet dont il poursuivit depuis lors la réalisation. En 1855, il le présenta à l'empereur Napoléon III, auquel l'unissait une étroite amitié d'enfance.

Soumis à une commission composée d'hommes illustres par leur science et leurs grandes œuvres, ce projet subit l'épreuve d'un examen approfondi. On reconnut alors la nécessité de pénétrer plus avant les difficiles problèmes qu'il soulevait et qu'avec la complaisance naturelle aux inventeurs pour leurs conceptions, Thomé de Gamond avait trop promptement considérés comme résolus. On ne réussit pas tout de suite à trouver les ressources nécessaires à ces nouvelles études ; la guerre survint, enlevant à Thomé, avec son principal protecteur, ce qui lui restait encore de chances.

Ce qui rendait le tunnel, tel que le concevait Thomé de Gamond, d'une réalisation problématique, ou tout au moins fort difficile, provenait de la connaissance incomplète, malgré tout, qu'il avait des conditions géologiques du détroit. Les études entreprises depuis, tant en Angleterre qu'en France, par des ingénieurs et des savants de premier ordre, ont permis de reprendre le problème et de lui assigner une solution à la fois économique et rationnelle.

Il est aujourd'hui de science courante qu'à une époque reculée, antérieure à celles dont l'histoire garde le souvenir, la Grande-Bretagne faisait partie du continent européen et qu'un isthme étroit, réunissant le Boulonnais au comté de Kent et au Sussex, remplissait cette portion rétrécie de la Manche qui s'appelle le Pas-de-Calais.

La Grande-Bretagne était alors un des promontoires de l'Europe, comme notre vieille Armorique, comme la péninsule Scandinave, avec laquelle elle a tant d'analogies de formes. Elle séparait l'Atlantique de la mer du Nord, comme le Danemark la mer du Nord de la Baltique. S'il y avait eu à cette époque lointaine quelque mortel assez hardi pour s'aventurer sur les flots, sa frêle pirogue, pour atteindre les rives à peine émergées de la Hollande, aurait dû, s'égarant dans les brumes hyperboréennes, chercher sa route aventureuse à travers les étroits défilés des Orcades, détachées déjà de la presqu'île par une commotion de date plus ancienne.

Qu'il ait, d'ailleurs, fallu cet isthme pour rendre possibles les migrations de ces nombreux quadrupèdes qui ont laissé leurs ossements dans les graviers de l'île future ; qu'ensuite, le même chemin ait servi à ces mortels errants de l'âge de pierre, en quête de chasse, et dont aux mêmes lieux on retrouve les silex taillés, c'est fort admissible. L'explication, en tout cas, satisfait mieux l'esprit que le *fungorum instar* des anciens, attribuant la présence de l'homme sur ces terres isolées du monde à un fait de génération spontanée.

L'observation géologique fournit des preuves plus directes de l'antique union de la Grande-Bretagne avec le continent. Les rives du détroit semblent, en effet, les deux parties d'un même plateau, à travers lequel le cours incessant des eaux se serait progressivement creusé un lit. Si tout à coup, nouvelle Mer-Rouge, la Manche entr'ouvrait ses flots, de Boulogne à Folkstone, de Calais à Douvres, s'étendrait une vaste plaine ondulée, aux contours adoucis. Les habitants de ce qui aurait cessé d'être les rivages de la mer disparue auraient, pour se réunir au milieu de cette nouvelle vallée, à descendre soit du Gris-Nez, soit du South-Foreland, des pentes beaucoup moins abruptes que celles qui limitent le bassin de la Seine aux abords de Paris. Ce sont les flots qui ont creusé cette nouvelle vallée ; et tout se réunit pour faire penser que l'œuvre fut facile, et la faiblesse de la défense et la vigueur de l'attaque. Craie friable sur toute son épaisseur, l'isthme était sans force pour résister à l'action combinée, des tempêtes et des flots des marées cherchant par les deux côtés à la fois à détruire l'obstacle qui s'opposait à la superposition de leurs dangereuses intumescences.

Aujourd'hui encore, l'action conquérante des flots se continue : la terre cède la place à l'onde. Les falaises de Douvres et d'Hastings reculent incessamment : Shakespeare's Cliff, qui projette son ombre sur l'entrée du premier de ces ports, a, depuis dix-huit siècles, perdu 2 kilomètres de son promontoire. Les Goodvin-Sands, bancs sous-marins aujourd'hui à plus de 12 kilomètres de la côte, y ont été réunis autrefois et une tradition populaire a gardé le souvenir de leurs habitants. Plus au nord, le même effet se continue ; sur certaines parties du Norfolk et du Suffolk l'érosion est de plus d'un mètre par an. La jolie ville d'Eccles-by-the-Sea a dû fuir. Elle est aujourd'hui rebâtie en arrière de la position qu'elle occupait au temps de Guillaume. Seule, son église, ensevelie dans le sable marin, témoigne que ces lieux, aujourd'hui couverts par les eaux, furent autrefois habités. Quelques géologues croient même pouvoir calculer que la perte des côtes anglaises est de 3 mètres par siècle, tandis que sur les falaises du Havre, ce serait jusqu'à 20 mètres. Les flots de la mer accomplissent ainsi la grande œuvre d'évolution de la nature, et, sans souci de la durée nécessaire, des débris incessamment arrachés aux rivages d'aujourd'hui, ils vont former, au sein des profondeurs sombres, les assises des continents futurs. Comme ils se forment aujourd'hui, ainsi se formèrent-ils autrefois. Les divers strates crayeux qui se continuaient sans interruption de France en Angleterre par l'isthme de la Manche furent d'abord déposés au sein d'une mer tranquille en couches horizontales successives, se superposant par ordre d'ancienneté. Mais les lents mouvements de l'écorce terrestre, toujours en travail, tout en respectant cet ordre de superposition, sont venus en troubler la commune horizontalité. De même qu'aujourd'hui encore les terres Scandinaves, tournant pour ainsi dire autour d'un axe invisible qui passerait par les îles d'Aland, d'un côté enfoncent lentement sous les flots la pointe de la Scanie et de l'autre font émerger au fond du golfe de Bothnie de nouveaux rivages devant Haparanda, de même, les formations crayeuses du Pas-de-Galais, d'abord horizontales, se sont inclinées de l'ouest vers l'est, de l'Atlantique vers la Mer du Nord. Mais dans ce mouvement qui les a fait apparaître au-dessus du niveau des flots, les assises successives de cette formation ont gardé leur ordre relatif.

Dans ce même ordre elles viennent, l'une après l'autre, présenter leurs tranches à la surface du sol, et, sur l'une et l'autre rive, l'observateur les trouve successivement sous ses pas. Qu'on parte de Folkstone en suivant le rivage, dans la direction de Douvres, voici d'abord l'argile noirâtre du gault, avec ses nombreux fossiles d'ammonites et d'huîtres aux larges valves ; puis, une sorte de marne gris bleu parsemée de points verts : c'est la craie glauconieuse, le *chloritic-mearl* des Anglais. Ses caractères très tranchés, très facilement reconnaissables, en font un horizon géologique bien défini. D'épaisseur peu importante dans cette région, la craie glauconieuse disparaît bientôt. La *craie grise*, le *grey chalk*, lui succède : alternances de lits tendres et durs, cette assise paraît absolument imperméable; à son plan supérieur, en effet, est la limite d'infiltration des eaux, qui s'épanchent alors en sources abondantes. Les terrains qui lui succèdent sont des craies de plus en plus blanches, qui se peuvent suivre jusqu'au-delà de Douvres ; craies fissurées, perméables, qui laissent circuler les eaux avec une très grande facilité, ce qui leur a valu, dans notre région minière du Nord, le nom caractéristique de *niveaux*. Car ces différents terrains se retrouvent de l'autre côté du détroit sur notre propre sol, et s'y étendent fort loin. En suivant de Vissant à Sangatte le pied des falaises françaises, on rencontre les mêmes formations que sur la côte anglaise, dans le même ordre, avec des épaisseurs peu différentes, les plus modernes appuyées aux plus anciennes, si bien qu'intuitivement la pensée reconstitue, à travers le détroit, les portions enlevées par les flots, et que la seule constatation de cette frappante concordance suffit à convaincre de l'antique continuité des deux terres.

Le détroit, cependant, n'a qu'une faible profondeur, qui, sur un tiers de sa largeur, ne dépasse pas 24 mètres. Sur le reste, les points les plus bas ne sont guère qu'à 50 mètres au-dessous de la basse mer. Les couches inclinées, dont les tranches se voient sur l'une et l'autre rive, n'ont donc été échancrées que sur une hauteur, faible relativement à leur étendue. On était, par suite, conduit à supposer qu'elles se retrouvaient au fond du détroit et se prolongeaient même beaucoup au-dessous. Cette hypothèse devint une certitude après les belles recherches exécutées, en 1875 et 1876, par les savants ingénieurs que la société d'études constituée par Michel Chevalier, Fernand-Raoul Duval et quelques autres hommes éminents, encore vivants,[1] avait eu l'heureuse inspiration de s'attacher. Au moyen d'appareils de sondage ingénieusement combinés, ils prélevèrent sur le fond du détroit quatre mille vingt échantillons ; grâce à des mesures hydrographiques, prises avec une précision extrême par un des maîtres de cette délicate science, on reporta sur la carte le point exact d'où provenait chacun de ces précieux témoins. Soumis à une rigoureuse critique, comparés aux différentes couches visibles sur les côtes, ils permirent de délimiter d'une façon rigoureuse la position de chacune au fond du détroit. On arriva alors à cette détermination importante, que toutes ces couches se continuaient sous l'eau sans interruption, sans cassures. Quelques plissements seuls, contournant de légers boursouflements des terrains jurassiques, inférieurs à l'étage de la craie, en avaient momentanément fait dévier l'orientation, mais sans y déterminer de fractures.

---

1 Depuis que ces lignes sont écrites, on a eu à déplorer la perte d'Alexandre Lavalley, qui a présidé à ces savantes études avec la forte volonté et le génie d'intuition qui furent les traits dominants de cette grande intelligence.

Entre ces diverses couches, celle de la craie grise, déjà connue par l'homogénéité de sa texture et sa presque complète imperméabilité, se trouvait tout naturellement désignée pour recevoir le tunnel, puisqu'on avait acquis la certitude qu'elle se continuait, sans solution de continuité, d'un bord à l'autre du détroit. Encouragés par ces heureuses constatations, qui donnaient à leur entreprise une base absolument scientifique et sûre, les promoteurs du tunnel, tant en France qu'en Angleterre, alors soutenus par l'opinion publique et par les gouvernements eux-mêmes, poussèrent plus avant leurs recherches.

Un puits fut foncé sur le rivage de Sangatte, et de son point de rencontre avec la craie grise, on fît partir, se dirigeant vers l'Angleterre, une première galerie d'essai. Un travail analogue s'accomplissait à quelques lieues de Douvres, et bientôt, marchant à la rencontre l'une de l'autre, les deux galeries allèrent, se creusant à 40 mètres environ au-dessous du fond du détroit. Ces premiers travaux révélèrent deux circonstances du plus favorable augure pour l'avenir de l'entreprise. Pour creuser l'excavation, point n'était besoin d'explosifs ni d'autres moyens coûteux et lents. La craie grise se laissait facilement entamer par le tranchant d'une lame circulaire que faisait mouvoir une ingénieuse machine. En même temps, l'imperméabilité relative du terrain traversé s'affirmait, et l'on était autorisé à évaluer à 2 litres, au maximum, par minute et par mètre d'avancement de la galerie définitive, la quantité d'eau fournie par les suintements : on avait donc l'assurance à la fois d'une prompte exécution et d'une dépense peu élevée, qualités essentielles qui, disons-le en passant, eussent fait défaut au projet de Thomé de Gamond, lequel prétendait enfoncer son tunnel jusque dans les roches dures, résistantes et profondes du terrain jurassique.

Les résultats obtenus étaient assez concluants pour permettre de dresser le projet définitif du tunnel. Sa largeur aurait été suffisante pour contenir deux voies parallèles ; sa hauteur devait être d'au moins 8 mètres. Il cheminait tout le temps dans la craie grise, suivant les contours des deux plissements qui en dévient la direction aux approches de l'une et l'autre côté ; et, dans cette couche de la craie crise, il se tenait assez haut pour n'avoir pas à craindre le trop proche voisinage de l'argile du gault, assez bas pour qu'entre sa partie supérieure et le fond de la mer une suffisante épaisseur de terrain fut une garantie de sécurité. Des rampes, dont l'inclinaison ne diffère pas de celles adoptées sur toutes les lignes de chemins de fer, raccordaient la partie sous-marine du tunnel, du côté français, au réseau du Nord; du côté anglais, aux lignes du South Eastern et du Chatham and Dover. Sa longueur totale, entre ses deux points d'émergence, devait être d'un peu plus de 48 kilomètres, dont 36 kilomètres sous le détroit. Disposé dans le sens longitudinal, suivant une très faible courbure dont le point culminant était en son milieu, il se prêtait ainsi au facile écoulement des eaux, qui, recueillies aux deux extrémités dans des puisards, étaient définitivement évacuées par de puissantes machines. L'épuisement de cette eau d'infiltration, nous l'avons vu tout à l'heure, ne devait constituer une sujétion de quelque importance que tant que le muraillement ne serait pas complètement achevé. Une fois les parois revêtues d'une maçonnerie protectrice, les infiltrations seraient assez peu importantes pour que deux de ces pompes qu'on voit fonctionner sur les grandes exploitations houillères en vinssent à bout.

L'aération ne constituait pas une difficulté beaucoup plus grande. Dans cette galerie longue, il est vrai, mais de section régulière, les moindres variations de la pression barométrique devaient provoquer, la plupart du temps, une suffisante circulation d'air. Au surplus, un puissant ventilateur était prévu, et des appareils de ce genre suffisent à aérer des mines de houille dont les galeries tortueuses et d'un très grand développement offrent cependant à la circulation de l'air des résistances importantes. D'ailleurs on aurait dû s'abstenir d'y faire circuler les locomotives ordinaires avec leur fumée et leur échappement de vapeur. Le tunnel sous la Manche aurait sans doute été le premier champ d'emploi de la traction électrique, qui, soit sous forme de locomotives, soit autrement, commence à faire son apparition. C'est encore à l'électricité qu'on eût sans doute demandé de chasser l'horreur des ténèbres. Dans ces conditions, le tunnel ne devait, en somme, pas différer notablement, si ce n'est par la longueur, des grands souterrains déjà existants ; il eût même été d'un accès plus aisé que la plupart d'entre eux. Dans ce parcours de moins d'une demi-heure, le voyageur, grâce à l'ensemble des dispositions dont nous venons de parler, se serait à peine aperçu qu'il se trouvait à 40 mètres au-dessous de la mer. Il n'eût certainement pas éprouvé plus d'appréhension qu'il n'en éprouve aujourd'hui en passant en souterrain sous la Mersey, la Clyde, la Severn ou la Tamise, ou en s'engageant sous les masses rocheuses, hautes de plus de 1,000 mètres, qui pèsent sur les voûtes des tunnels du Mont-Cenis, du Saint-Gothard ou de l'Arlberg. Le projet définitif ainsi dressé, on pensait s'en tirer avec 250 millions de francs. C'était, il est vrai, ce qu'on appelle un premier devis.

Les choses en étaient là : les travaux de recherche se poursuivaient, confirmant chaque jour les prévisions de la science. La galerie de Sangatie avait déjà une longueur de 1,800 mètres, et celle de Shakespeare's Cliff arrivait à près de 3 kilomètres. La nature, une fois de plus, semblait vaincue par l'audacieux fils de Japhet, et les âmes généreuses de ceux qui rêvent l'union fraternelle des peuples célébraient déjà par avance le baiser de paix qu'à leur rencontre sous les flots, allaient échanger les descendants de ceux qui s'étaient vus à Bovines, à Trafalgar, à Waterloo. — Tout à coup, on apprit que le gouvernement anglais s'opposait à la construction du tunnel, et avait ordonné la discontinuation des travaux en cours sur la côte britannique. C'était en 1883, et depuis lors les partisans du tunnel ont fait de vains efforts auprès du parlement pour obtenir un bill favorable à leurs désirs.

On a analysé ici même,[1] avec trop de finesse et de pénétration, le sentiment profond qui avait tout à coup soulevé l'opinion anglaise contre l'idée du tunnel, pour qu'il y ait lieu d'y revenir. Les Anglais ont vu dans le tunnel une menace contre leur sécurité. La Manche est pour eux une sûre barrière à l'abri de laquelle ils peuvent vivre et faire leurs affaires sans le service militaire universel et obligatoire, sans épuiser leurs finances en armements, casernes et fortifications. La mer les met à l'abri d'un coup de main. Cet isolement leur plaît et les rassure ; il serait plus complet, qu'au fond ils n'en seraient pas autrement fâchés. C'est la réponse du vieux Pam à Thomé de Gamond, lorsqu'on 1857, celui-ci était venu solliciter le concours de l'Angleterre. « Quoi ! s'écria le plus Anglais de tous les Anglais, vous voudriez nous faire participer à une œuvre dont le but est de raccourcir encore une distance que nous trouvons déjà trop

---

1 Voyez la *Revue du 1er juin 1882,* le Tunnel de la Manche, *par G. Valbert. p. 675.*

courte[1] ! »

Il n'y a rien à opposer à ce préjugé, devenu, de l'autre côté de la Manche, un dogme patriotique. Longtemps encore, il faut s'y attendre, « l'anneau d'argent » ceindra, inviolée, « l'Île porte-sceptre » dont le Jean de Gand de Shakespeare célèbre en vers enthousiastes la jalouse indépendance.

Section II.

Cependant, on assure que le pont cause moins d'appréhensions de l'autre côté du détroit, et que, plus aisément que le tunnel, il peut s'y faire accueillir et tolérer. Le général Wolseleyy voit, dit-il, « infiniment moins d'objections, » et cette opinion est partagée par tous ceux de ses compatriotes qui, du haut du château de Douvres, aiment à mesurer, du regard, la facile trajectoire que décriraient, pour aller détruire les travées les plus voisines du pont, les projectiles perfectionnés de l'artillerie moderne.

Comme celle du tunnel, l'idée du pont a eu des enfantements successifs. Nous l'avons vue occuper pendant quelque temps le cerveau Imaginatif de Thomé de Gamond. Après lui, Vérard de Sainte-Anne présentait à l'Académie des Sciences, dans sa séance du 28 janvier 1870, un projet de pont, qui ne comportait pas moins de 340 piles, sorte de forêt maçonnée, à travers laquelle les navires eussent difficilement trouvé à se faufiler. On avait vu aussi surgir l'idée, pour le moins hardie, d'une sorte de pont suspendu, composé d'énormes tresses de chaînes sur lesquelles un intrépide inventeur, dédaigneux des vents, disposait un frêle tablier.

Les progrès réalisés dans l'art des constructions et la production des métaux ont permis de donner plus de consistance au projet de pont, qui vient aujourd'hui faire concurrence au tunnel. De plus, les noms de MM. Hersent et Schneider, qui s'en sont faits les promoteurs, rappellent toute une série d'admirables travaux exécutés depuis une trentaine d'années et constituent une présomption favorable à une œuvre, qu'il n'y a pas longtemps encore on eût, à bon droit, considérée comme impossible à réaliser.

1 *What ! You pretend to ask us to contribute to a work the object of which is to shorten a distance which we find already too short !* cité par sir Edward Watkin dans son rapport du 20 janvier 1882 à l'assemblée de la *Submarine continental railway C°*.

Le pont partirait donc de la côte française aux abords du cap Gris-Nez et atteindrait la côte anglaise près de Folkstone. En plan, il présente deux courbes dont les sommets coïncident avec les hauts-fonds du Varne et du Golbart, sur lesquels, dans une pensée fort sage d'économie, on a voulu placer quelques points d'appui. Sur le Varne, en effet, la hauteur d'eau à marée basse n'est que de 6^m,50. C'est un véritable écueil de près de 800 mètres de large. Un phare flottant le signale aujourd'hui aux navigateurs. Sur le Golbart, la profondeur, dans les mêmes circonstances, est de 15 mètres. Entre les deux, on trouve 35 mètres. Du Varne à la côte anglaise, les profondeurs sont de 24 mètres à peu près. C'est seulement entre le Colbart et la côte française que la sonde accuse 50 et quelquefois 55 mètres. C'est aussi, il est vrai, la partie la plus large du détroit. Elle en occupe près de la moitié.

Dans les grandes profondeurs spécialement fréquentées par la navigation, il fallait rendre aussi rares que possible les piles du pont futur, obstacles quoi qu'on dise et dangers pour les navires en marche. On a résolu d'y faire alterner des écartements de 300 et de 500 mètres. Sur les bancs et au voisinage des côtes, les piles sont plus rapprochées. Leur distance de l'une à l'autre varie de 250 à 100 mètres. Les piles de nos ponts de rivière font modeste figure à côté de celles-ci. Pour les rendre capables de supporter la lourde charge qu'on leur destine, il a fallu de chacune d'elles faire un bloc gigantesque, composé de matériaux choisis et soigneuse- ment cimentés ; les dimensions reportent la pensée vers les monuments de l'ancienne Egypte. Heureusement, le sol, après de nouvelles explorations, a été reconnu partout d'une solidité suffisante pour ne pas s'écraser sous le poids de ces énormes masses.

On se propose de les construire dans de vastes caissons en tôle qu'on viendrait ensuite échouer à leur place définitive. À la partie inférieure de ces caissons est ménagé un vide, qu'on remplira en dernier heu. Cette sorte de chambre, d'où l'air comprimé chassera momentanément l'eau, sera rendue accessible aux travailleurs chargés de préparer les assises de la lourde fondation. Au moins se propose-t-on d'user de ce procédé jusque dans les profondeurs de 35 mètres. Au-delà, il faudrait aviser à des moyens spéciaux sur le choix desquels les auteurs du projet ne se sont pas encore expliqués.

À 35 mètres même, l'emploi de l'air comprimé paraît une opération singulièrement risquée, et il a fallu la grande et légitime réputation dont jouit dans l'industrie l'auteur du projet pour en faire admettre la possibilité. Le séjour dans l'air comprimé expose, en effet, les ouvriers à des accidents nombreux, anémie, congestion, paralysie, dont l'intensité croît rapidement avec la pression, laquelle est d'une atmosphère par 10 mètres d'enfoncement. À 35 mètres, le corps humain est donc soumis à une pression trois fois et demie plus grande que celle pour laquelle il est fait. Aussi, en supporte-t-il mal les effets. L'étude physiologique et pathologique des phénomènes qui se produisent alors, la discussion de leurs causes, la recherche des atténuations possibles, ont été faites presque au début de l'emploi de l'air comprimé par un savant médecin, le docteur Foley, à la fois observateur et philosophe, dont tous ceux qui en 1863 ont travaillé à la fondation de piles du pont d'Argenteuil ont conservé un reconnaissant souvenir. Quelques sujets exceptionnels, entourés de soins tout particuliers, pourront peut-être travailler aux grandes profondeurs qu'exigeront les grandes piles du pont de la Manche. Mais ce n'est pas très sûr. Déjà, au pont du Forth, où les fondations exigèrent la descente des caissons jusqu'à 24 mètres de profondeur, les accidents furent nombreux ; et plus d'un ne s'en est tiré qu'au prix d'une douloureuse et précoce invalidité. Après tout, on en sera quitte pour recourir plus tôt aux procédés spéciaux réservés aux profondeurs d'entre 35 et 50 mètres.

Il sera peut-être plus délicat d'amener et de mettre en place l'énorme caisson qui contiendra une maçonnerie pesant moyennement 120 millions de kilogrammes. Sans doute, les grandes formes de radoub de Missiessy, à Toulon, ont été construites, elles aussi, dans de vastes caissons métalliques, tenus à flot pendant plusieurs mois, et ensuite amenés en place avec une précision mathématique. Mais dans l'enceinte de Missiessy, on travaillait en eau calme : dans le Pas-de-Calais, au contraire, le plus beau temps du monde ne va jamais sans quelque houle, la marée y détermine des courants d'une intensité de 7 à 9 kilomètres à l'heure, et qui se succèdent brusquement, presque sans interruption ; la brise, enfin, y est fréquente et aisément devient du gros temps. L'opération sera souvent entravée, souvent ajournée, et, quand elle sera possible, il faudra, pour y réussir, beaucoup d'habileté, d'esprit d'à-propos, et de puissants moyens d'action, sans parler d'un peu de bonheur.

Ces piles seront au nombre de 92. Elles auront, à la hauteur du plan d'eau, 20 mètres de large à peu près et 45 mètres de long. Gardons-nous bien, cependant, de les qualifier d'écueils. Ce serait chagriner les auteurs du projet. Ils prétendent ne pas créer dans la Manche les obstacles qu'au cours de leur utile carrière, ils ont fait sauter à Brest, à Lorient, à Cherbourg. Ces piles ne seront donc pas des écueils, et cependant, elles sont pour le moins l'objet d'autant de précautions que ceux-ci. On les signalera aux navires par des feux variés, et du côté de l'Atlantique et du côté de la Mer du Nord. Aux feux on adjoindra, — car les brumes intenses sont fréquentes sur le Pas-de-Calais, — ces mugissantes trompettes dans lesquelles soufflent des machines à vapeur, et à qui une réminiscence, probablement ironique, a donné le nom des êtres mythologiques, dont les accents, perfidement enchanteurs, séduisaient les compagnons d'Ulysse. 92 piles ; 2 feux et 2 sirènes à chaque pile : 184 feux ; 184 sirènes. 184 sirènes, éclatant à la fois en une immense fanfare, comme pour accompagner la clameur furieuse de l'Océan, brisant ses vagues contre les obstacles accumulés par ces nouveaux Titans! Dans ce concert, inévitablement formidable, le marin perdu dans le brouillard n'aura-t-il pas quelque peine à discerner la note qui doit le diriger vers un passage favorable ? Son œil ne sera-t-il pas troublé par les scintillements variés de cette longue rampe lumineuse apparaissant tout à coup en travers de son horizon nocturne ? De jour comme de nuit, enfin, sa marche, qu'influencent déjà le vent et les courants, ne doit-elle pas être considérablement gênée par la présence de ces quatre-vingt-douze obstacles, — je ne dis pas écueils, — alignés sur 38 kilomètres? Belges, Hollandais, Danois, Allemands, Suédois, Russes, et Dunkerque, et toute la côte orientale de la Grande-Bretagne, de la Tamise à Dundee, tous ces peuples, tous ces ports, pour lesquels le Pas-de-Calais est la porte ouverte sur le monde, verront-ils avec plaisir en rétrécir ainsi l'accès ?

Quoi qu'il en soit, les piles en maçonnerie, une fois construites et régulièrement arasées à 15 mètres au-dessus des hautes mers, doivent servir de support à des colonnes métalliques sensiblement cylindriques et d'une hauteur de 42 mètres. C'est, à un mètre près, celle de la colonne Vendôme. Sur ces fûts gigantesques reposeront les poutres inférieures du tablier du pont. La hauteur libre en dessous sera donc de 54 à 57 mètres environ au moment de la haute mer, de 61 à 64 mètres à marée basse. C'est un peu moins que ce qu'eût exigé la mâture des anciens vaisseaux à trois ponts ; les modernes cuirassés dressent vers le ciel des hampes un peu moins fières.

Le tablier est constitué par une série de poutres métalliques dans le calcul desquelles les auteurs du projet ont su à la fois combiner l'indispensable solidité, avec la légèreté, qui se traduit par une économie considérable. Au fer on substitue son triomphant rival, l'acier, dont la résistance, à dimensions égales, est à peu près une fois plus grande. Au lieu de composer le pont de poutres successives, reposant de chaque bout sur les appuis dont nous parlions tout à l'heure, on placera sur un groupe de deux appuis voisins, distants, pour les grandes travées, de 300 mètres entre eux, et de 500 mètres des groupes voisins, une longue poutre formée d'énormes barres d'acier disposées en treillis. Sa longueur sera de 675 mètres. Elle aura ainsi, de chaque côté du groupe d'appuis, une longueur en porte-à-faux de 187^m, 50, qu'une petite travée intermédiaire de 125 mètres reliera à la poutre suivante placée de la même façon. On réalisera ainsi l'ouverture de 500 mètres promise à la navigation. Pourquoi cette disposition d'apparence compliquée, quand la première paraît si simple que l'idée en vient comme naturellement à l'esprit ? C'est que, pour résister à une même charge, la poutre reposant par ses extrémités sur deux appuis doit avoir des dimensions bien supérieures à celles de la poutre placée, comme il vient d'être dit, en porte-à-faux, ou encorbellement. Or, dimensions, poids et prix sont des conséquences qui s'enchaînent, et pouvoir diminuer les dimensions, c'est éviter d'enfler encore un devis par ailleurs déjà très gros. Ainsi constitué, toutes précautions prises pour ne pas gêner les allongements dus à la dilatation, le pont aura au sommet des plus hautes travées une hauteur propre de 65 mètres. Ce point culminant sera donc entre 120 et 126 mètres au-dessus du plan d'eau. Quant aux voies, dont la position nous intéresse tout particulièrement, nous autres simples voyageurs, ceux d'entre nous sujets au vertige apprendront avec satisfaction que les rails doivent se trouver à la partie inférieure du pont, et seulement à 72 mètres au-dessus de la mer. C'est, il est vrai, la hauteur du Panthéon. Mais les treillis formeront un rideau qui empêchera, sans doute, le regard de sonder avec trop d'inquiétude la profondeur de l'abîme au-dessus duquel on se trouvera lancé.

Passer aussi haut au-dessus des flots est-il moins effrayant que de se sentir dans le tunnel à 40 mètres au-dessous ? L'angoisse, — s'il y a lieu d'en éprouver, — ne sera-t-elle pas la même dans l'un et l'autre cas ! C'est là, sans doute, affaire de tempérament et de nervosité personnelle, et il faut laisser à chacun le soin de répondre à ces questions, en se consultant lui-même.

Mais sur le pont, en outre, il y aura encore le vent. Qu'on se rassure : le calcul a tenu compte du souffle de la tempête comme de la lourdeur des trains. Et il est remarquable que le poids qu'il faut donner au pont pour lui permettre de supporter les charges qu'on lui destine est encore celui grâce auquel il résistera, avec sécurité, à l'effort de renversement. On peut donc espérer que ce voyage aérien s'exécutera sans risques particuliers, et qu'on ne verra jamais se produire une catastrophe comme celle du pont de la Tay, qui, tout à coup rompu par la tempête, ouvrit un béant abîme devant un train de voyageurs qui s'y précipita tout entier.

Les ponts américains du Niagara et de Saint-Louis, merveilleux, si on les compare à ceux d'il y a un demi-siècle seulement, sont, comme hardiesse, de beaucoup en arrière du pont sur la Manche. Mais à Brooklyn un tablier de près de 500 mètres de portée est suspendu à des câbles métalliques rattachés à des piles de 85 mètres de haut, et le pont projeté sur l'Hudson pour la voie ferrée de New-York à Nevr-Jersey doit être formé d'une seule travée de 872 mètres de long, située à 140 mètres au-dessus des plus hautes marées. Le pont sur le Forth, inauguré, il y a deux ans à peine, est encore celui qui présente le plus d'analogies avec le projet dont nous nous occupons. Sa réussite, l'admiration très justifiée qu'il excite, n'ont pas été étrangères au redoublement d'ardeur que manifestent aujourd'hui les promoteurs du pont sur la Manche.

Une difficulté spéciale, qui ne s'est pas rencontrée au même degré dans la construction de ces grands ouvrages, doit se rencontrer sur la Manche. Les poutres droites du pont projeté ne peuvent pas se monter sur place, pièce par pièce, comme on a fait au Forth, et avant à Garabit, les parties déjà construites servant progressivement d'échafaudages pour la mise en place des autres éléments. Il faudra construire ces travées tout d'une pièce sur le rivage, et on a déjà désigné la plage d'Ambleteuse, sur la rive française, pour devenir ce vaste atelier de montage. Une fois construite, chaque travée sera chargée sur un système de trois pontons, amenée au-dessous de la position qu'elle doit occuper, puis soulevée et mise en place au moyen d'énormes presses hydrauliques. Ce ne sera pas une mince besogne que le maniement de ces masses colossales d'une forme peu commode. Il faudra, en outre, ici comme pour la pose des piles, compter beaucoup sur la bienveillance des flots. Les difficultés seront grandes. Mais en matière de travaux, nous avons tant vu de choses extraordinaires, que nous pouvons bien admettre qu'impossible n'est plus français. D'ailleurs, ceux qui en France ont rédigé le projet, et ceux qui en Angleterre, comme sir John Fowler, et M. Baker, les grands ingénieurs du Forth, en ont approuvé les dispositions techniques, tiennent le premier rang parmi les gens du métier. Ils réclament une confiance que les éclatants succès de leurs précédentes entreprises paraissent justifier. Ne cherchons donc pas davantage à troubler leur foi en leur œuvre, par des critiques qu'ils traiteraient de vaines appréhensions.

Il n'en reste pas moins que l'exécution du tunnel semble une œuvre beaucoup plus simple et d'une réalisation plus prompte que la construction du pont. D'un côté, en effet, l'extraction de moins de 5 millions de mètres cubes d'une craie peu résistante et cependant compacte ne demande, d'après l'expérience acquise, que deux ou trois ans de travail : les muraillements nécessaires peuvent suivre l'avancement de l'excavation, et l'installation des appareils d'épuisement et de ventilation peut être poursuivie concurremment. De l'autre, au contraire, il s'agit de fabriquer ces grandes masses de maçonnerie dont le volume atteint près de 4 millions de mètres cubes ; il faudra ensuite les confier à la mer perfide pour les amener à leur emplacement définitif. Le pont lui-même consommera près de 1,500,000 tonnes d'acier, le triple, à peu près, de ce que produisent en un an toutes les forges françaises, et chacun de ses éléments devra, comme les piles attendre l'heureuse et toujours précaire circonstance d'une mer tranquille. Dix ans au moins semblent nécessaires.

Aussi, tandis que les partisans du tunnel se contenteraient modestement de 250 millions de francs, ceux du pont nous exposent qu'il leur faudrait tout près d'un milliard ; et encore, font-ils valoir que c'est là un minimum, et qu'ils auraient pu, sans encourir de reproches, ajouter à leur note quelques centaines de millions. S'ils s'en tiennent à un milliard, c'est qu'ils sont très habiles, très expérimentés, très sages. Nous les croyons volontiers.

Section III.

Les gros chiffres n'étonnent plus, de notre temps. 2t0 millions ? C'est bien peu de chose. Un milliard ? Sans trop d'émoi, on en apprend l'apparition ou la perte. Ce sont événements ordinaires qui ne retiennent pas longtemps l'attention du public.

On ne peut cependant pas trouver indiscrète la préoccupation de ceux qui cherchent à savoir si de semblables créations sont justifiées par leur utilité, si ces grosses dépenses dont on demande au public de faire l'avance ont pour résultat^ des services rendus d'une importance proportionnelle.

C'est, nous dit-on, l'union définitive de deux grands peuples ; c'est aussi le commerce de la Grande-Bretagne avec toute l'Europe passant sur les rails français. On va même plus loin : dans une sorte de rêve à la Picrochole, on aperçoit déjà, des confins les plus reculés du continent asiatique, de Tobolsk, de Bokhara, de Pékin, de l'Inde entière, le commerce du monde accourant en chemin de fer pour s'engager sur la nouvelle voie. Et l'on nous cite Suez, le Mont-Cenis, le Saint-Gothard.

Qui ne fait châteaux en Espagne ?
....
Chacun songe en veillant; il n'est rien de plus doux.
Une flatteuse erreur emporte alors nos âmes.
....

Cependant, résistons, s'il se peut, à l'hypnotisme d'analogies, peut-être décevantes. L'Angleterre est-elle donc isolée du monde ? La Manche constitue-t-elle un obstacle comparable, par ses effets, au désert de l'isthme égyptien ou aux sommets inaccessibles des Alpes ? Dès aujourd'hui, la communication existe, fréquente, assidue, entre les deux rives du détroit. Dieppe, Boulogne, Calais, ne vivent guère que de leurs relations avec Newhaven, Folkstone et Douvres. 600,000 voyageurs et 25,000 tonnes de marchandises, représentant 800 millions de francs, ont traversé le détroit l'an dernier, dans un sens ou dans l'autre. Ce n'est pas là de l'isolement. Les descendants des Bretons ne sont plus, comme leurs pères, séparés du reste de l'univers. On s'en aperçoit chaque jour. Tunnel ou pont n'ouvriront pas la porte à une expansion qui existe déjà. Le voyageur leur devra peut-être la commodité de franchir en six heures au lieu de sept heures et demie, et sans quitter le coin de son compartiment, la distance qui sépare Charing-Cross de la gare du Nord. Il y trouvera quelque agrément, peut-être aussi quelque avantage si sa dépense n'en est pas sensiblement augmentée. Les colis postaux, les quelques marchandises qui vont actuellement en grande vitesse d'un pays à l'autre, préféreront peut- être aussi la nouvelle voie.

Peut-on croire qu'il en sera de même du grand commerce, du véritable mouvement des échanges ? Va- t-il se détourner de Londres, de Liverpool, de Bristol, de Hull, de Newcastle, de Glascow, de tous ces ports si nombreux des côtes britanniques où, en quelque sorte sous sa main, il trouve, pour ses transports, des navires dont les frets sont peut-être dix fois moindres que les prix des chemins de fer ? Va-t-il, méprisant cet inappréciable avantage, renoncer à la navigation pour faire sur rails, en Angleterre, à travers le détroit et sur le continent, de longs parcours, forcément plus onéreux ? Ce n'est pas à prévoir. Il y a tout lieu de penser que l'axe d'intensité des affaires commerciales ne sera pas déplacé par les créations projetées : qu'il y ait ou non tunnel ou pont, c'est toujours par mer que Londres et Liverpool, ces grands entrepôts du monde, continueront à faire voyager leurs innombrables marchandises.

Il faut aussi s'attendre à ce que les services de navigation du détroit luttent pour conserver leur clientèle. L'heure venue, ils peuvent recourir au moyen radical, abaisser leurs prix, et on peut croire que, lorsqu'il le faudra, ils n'y manqueront pas. Sur ce terrain, le tunnel ou le pont, qui auront le devoir et la légitime préoccupation de rémunérer leur capital d'établissement, peuvent-ils espérer vaincre la navigation ? Les promoteurs du pont avouent eux-mêmes qu'il leur faut compter, pour s'en tirer, sur environ 125 millions de recettes, correspondant à un million de voyageurs et à 5 millions de tonnes de marchandises, d'une valeur supérieure à 1,000 francs chacune. On admet, en effet, que les matières pondéreuses et de peu de valeur, houilles, minerais, bois, etc., continueront à prendre la voie de mer. — Mais 5 milliards de marchandises, c'est près de 33 pour 100 ou le tiers du mouvement général du commerce britannique. Or, actuellement, les ports de la Manche ne voient que 4 à 5 centièmes de ce trafic. On est loin de compte. Et puis, l'art de la navigation n'a pas dit son dernier mot. Les paquebots actuels, déjà très perfectionnés, munis de machines puissantes, font la traversée de la Manche à raison de 29 à 32 kilomètres à l'heure. C'est déjà fort bien. Quand il le faudra, d'autres viendront qui feront ai kilomètres à l'heure : c'est la vitesse des meilleurs torpilleurs. Elle est déjà réalisée par ce beau paquebot la Seine, construit récemment pour le service de Dieppe à Newhaven, par la Société des forges et chantiers. Ce sera aussi celle de ces grands steamers avec lesquels les successeurs de Gunard se proposent de transporter, l'an prochain, les visiteurs de l'Exposition de Chicago. De Calais à Douvres, la traversée ne sera plus que de 37 à 38 minutes. Les temps d'arrêt nécessités par les transbordements peuvent aussi être réduits. — La dépense en sera-t-elle augmentée ? Il est permis de prévoir que non. L'augmentation de vitesse viendra d'une meilleure utilisation, et non d'une plus grande consommation de combustible. Les machines les plus perfectionnées n'utilisent encore aujourd'hui que de 12 à 15 centièmes du travail mécanique produit par la combustion. Qu'on arrive à en utiliser le tiers en plus, — c'est encore peu de chose, — on pourra réduire d'autant le fret et le prix du passage.

Il ne restera plus à invoquer contre la navigation que les nausées du mal de mer, dont le désagréable ressouvenir portait les dames anglaises à bénir l'idée de Thomé de Gamond au moment même où Palmerston l'accueillait si rudement.[1] Mais on sait aujourd'hui plus d'un moyen de modérer les mouvements d'un navire. Sans chercher, comme Bessemer avait tenté de le faire, à suspendre dans la coque du navire le salon des voyageurs ainsi que le cadran de la boussole, on peut atténuer presque entièrement les oscillations

---

1 « You may tell the French engineer that if he can accomplish it, I will give him my blessing in my own name, and in the name of all the ladies of England. » Paroles de la reine Victoria à propos du projet de Thomé de Gamond, rapportées par sir Edward W. Watkin. (Loc. cit.)

si antipathiques aux estomacs sensibles. Modifier, au profit de la stabilité, le rapport de la longueur à la largeur, donner au navire plus d'enfoncement dans l'eau, plus de *quille* suivant l'expression usitée, et les ports approfondis d'aujourd'hui le permettent autant qu'on peut le souhaiter, descendre aussi bas que possible le centre d'oscillation, sont choses aisées aux habiles architectes nautiques d'aujourd'hui. Ils le feront quand il le faudra. Quelques gouttes d'huile opportunément répandues à la surface des vagues en calmeront, comme par enchantement, la turbulence. Sans dire qu'on sera sur la Manche comme sur le lac Majeur, on y sera sans doute presque entièrement à l'abri de la traditionnelle incommodité. On traversera vite, sans souffrance et à bas prix.

En résumé donc, les moyens actuels, quelque peu améliorés, peuvent pendant longtemps encore suffire à maintenir et à développer les relations entre les deux côtés du détroit, si des tarifs de douane et d'autres mesures d'aussi fâcheux effet et de même origine n'y viennent pas mettre d'obstacle. Les pélasgiques monuments que l'on projette n'ajouteront pas grand'chose à la facilité des relations. Ils ne détourneront pas le grand commerce des voies maritimes, toujours les plus économiques ; et, enfin, tunnel ou pont, ils n'auront sans doute pas sur les sentiments d'amitié des deux peuples voisins plus d'influence que le pont de Kehl ou le souterrain du Mont-Cenis, qui n'ont rien empêché.

Mais, dit-on encore, et les capitaux en quête d'un intérêt rémunérateur ? Nous ne faisons pas difficulté d'avouer que, dans notre pensée, ils feraient bien de chercher emploi ailleurs. Un demi-siècle durant, c'est à développer les moyens de transport qu'ont été employés les capitaux épargnés. L'heure est peut-être venue de se tourner d'un autre côté. Il serait bon d'accroître, après les moyens de transport, la matière transportable elle-même, en développant la production du pays, en commanditant son industrie, en fécondant les parties stériles de son territoire, en créant au loin sur des terres nouvelles des centres d'échange et de consommation, dont la douane n'interdirait pas l'accès. Un comptoir au Soudan, quelques gouttes d'eau dans la Camargue et la Crau, un peu de calcaire sur les plateaux déshérités de la Bretagne, feront plus pour la richesse de la France que ces grandes et coûteuses merveilles, qui séduisent l'imagination, flattent l'amour-propre, exaltent la réputation d'illustres ingénieurs déjà surchargés de lauriers, mais ne se justifient point par une incontestable utilité.

ISBN : 978-1721147274